Tolulope Olufemi

Envolvimento das mulheres rurais nas actividades avícolas no Estado de Osun

Tolulope Olufemi

Envolvimento das mulheres rurais nas actividades avícolas no Estado de Osun

ScienciaScripts

Imprint

Any brand names and product names mentioned in this book are subject to trademark, brand or patent protection and are trademarks or registered trademarks of their respective holders. The use of brand names, product names, common names, trade names, product descriptions etc. even without a particular marking in this work is in no way to be construed to mean that such names may be regarded as unrestricted in respect of trademark and brand protection legislation and could thus be used by anyone.

Cover image: www.ingimage.com

This book is a translation from the original published under ISBN 978-620-7-64100-0.

Publisher:
Sciencia Scripts
is a trademark of
Dodo Books Indian Ocean Ltd. and OmniScriptum S.R.L publishing group

120 High Road, East Finchley, London, N2 9ED, United Kingdom
Str. Armeneasca 28/1, office 1, Chisinau MD-2012, Republic of Moldova, Europe
Printed at: see last page
ISBN: 978-620-7-62741-7

DEDICAÇÃO

Este projeto é dedicado a Deus Todo-Poderoso, que me acompanhou ao longo dos meus dias no campus da Universidade Obafemi Awolowo, com todas as dificuldades e problemas, e também a toda a minha família e aos meus amigos e familiares.

RECONHECIMENTO

A minha mais profunda gratidão a Deus Todo-Poderoso pelo Seu amor, orientação, proteção e provisões durante a minha estadia nesta grande cidadela de aprendizagem e por ter poupado a minha vida para que este projeto fosse um sucesso.

A minha sincera gratidão ao meu orientador, Dr. I. O. Baruwa, por todo o tempo que dedicou a analisar meticulosamente os manuscritos do meu projeto e por todas as valiosas sugestões, correcções e orientações para tornar este projeto produtivo. Que o bom Deus continue a abençoar-vos e à vossa família, Ámen.

O meu especial apreço vai para o Diretor do Departamento, Prof. A.A. Tijani e outros professores do Departamento: Dr. O. Oluwasola, Sr. Ojo, Dr. Baruwa, Sr. Omodara, Dr. A.T Adesiyan, Dr. O.A. Yesufu e outros demasiado numerosos para serem mencionados, pelo seu amor, bondade, paciência, apoio e carinho durante todo o meu curso de estudos. Que Deus vos abençoe a todos, Ámen.

A minha sincera gratidão vai para os meus queridos pais, Sr. e Sra. Olufemi Oloidi, pelo seu amor, carinho, apoio financeiro e moral. Que vivam para comer o fruto do vosso trabalho, Ámen, e para os meus maravilhosos irmãos, Olufemi Damilare, Olufemi Adesewa e Olufemi Similoluwa, pelo vosso apoio e amor.

Os meus cumprimentos especiais aos meus entes queridos e grandes amigos: Adeyemo Temitope, Oladejo Ayodeji, Olatoki Blessing, Ayanleye Tunmise, Agboola Seyi, Yakubu Sheriff, Esan Olabisi, Alao Seyifunmi, Arowolo Muyiwa, Adeniyi Temitayo, Ajayi Tolulope, Olasanoye Akindipupo, Awe Jerusalem, Ogunware Kafayat e outros demasiado numerosos para mencionar. Gosto muito de todos vós.

TABELA DE CONTEÚDO

RESUMO

A produção de aves de capoeira tem uma prioridade elevada porque a carne de aves de capoeira tem um melhor rácio de conversão de energia e proteínas do que muitos outros animais. A avicultura tradicional é uma atividade pecuária bem conhecida no Estado de Osun e as mulheres contribuem imensamente para a produção agrícola, mas a sua contribuição para o desenvolvimento do país continua, em grande parte, por documentar. Por conseguinte, este estudo teve como objetivo avaliar a participação das mulheres na produção comercial de aves de capoeira no Estado de Osun, na Nigéria.

O estudo foi efectuado em Ife-central. Ife-east e Ife-north Local Government Areas do Estado de Osun, Nigéria. Os dados primários foram recolhidos em explorações agrícolas seleccionadas em três administrações locais de Ile-ife, no estado de Osun, e foram aplicados questionários para recolher dados relevantes sobre as características socioeconómicas, o sistema de gestão adotado, a produção e os constrangimentos da produção avícola. Os dados recolhidos foram analisados utilizando estatísticas descritivas e regressões múltiplas. Os resultados revelaram que a maioria dos inquiridos era idosa (41-50 anos), 62,9% dos quais ganhavam entre 20.001 e 40.000. A análise de regressão múltipla dos dados indicou que o coeficiente de determinação múltipla R^2 é de 0,29139. O R ajustado^2 é -0,05588, o que significa que 0,084908% da variação no nível de participação das mulheres nas actividades de produção avícola, de acordo com este resultado, mostra que o nível de participação é baixo e não é encorajado.

Com base nos resultados, recomendou-se que a produção avícola fosse apoiada pelo governo através da concessão de crédito e de facilidades de empréstimo com taxas de juro baixas, de modo a que as mulheres possam ultrapassar o problema da baixa base de capital. Também é necessário garantir o acesso a raças melhoradas que se desenvolvam bem, dadas as condições climáticas quentes prevalecentes na área de estudo.

CAPÍTULO UM

INTRODUÇÃO

1.1 Antecedentes do estudo

A agricultura é um sector económico importante na Nigéria, onde a grande maioria da população do país (quase 75%) depende dela como fonte de subsistência (NBS, 2007; Mohammed e Abdulquadri, 2012). Contribui com 37,2% para o Produto Interno Bruto (PIB) (CBN, 2006). É sabido que o sector agrícola nigeriano já foi o principal motor da economia, com uma contribuição de mais de dois terços para o PIB após a independência e a principal fonte de receitas de exportação e de receitas públicas no final da década de 1960. Nos últimos anos, a contribuição do sector para o Produto Interno Bruto (PIB) não petrolífero tem-se mantido estável em cerca de 40% (FDA/FMARD 2005). O sector é dominado por uma agricultura mista, em que as culturas e a pecuária desempenham um papel importante na dupla finalidade de consumo interno e de receitas de exportação. Na Nigéria, tal como em muitos outros países africanos, as mulheres constituem a maioria dos trabalhadores agrícolas, contribuindo com trabalho não só em termos de produção física, mas também em termos de qualidade e eficiência. De acordo com Annon (2006), as mulheres são responsáveis por 70% do trabalho agrícola, 50% das actividades relacionadas com a criação de animais e 60% das actividades de processamento de alimentos. Nwowu (2002) acredita que as mulheres dominam as iniciativas e actividades de produção, transformação e comercialização neste sector da economia rural. Estudos financiados pelo Programa das Nações Unidas para o Desenvolvimento (PNUD) revelaram que as mulheres constituem cerca de 60 a 80% da força de trabalho agrícola na Nigéria (Banco Mundial, 2003) e produzem dois terços das culturas alimentares. Isto depende da vegetação e de outras práticas culturais socioeconómicas. Entre os grupos étnicos Yoruba, no sul da Nigéria, as mulheres constituem a maior parte da força de trabalho agrícola que cultiva inhame, milho, tabaco e mandioca. No norte da Nigéria, de acordo com Adisa e Akinwumi (2012), apesar do confinamento das mulheres em purdah por motivos religiosos, as mulheres são responsáveis pela transformação e conservação. Além disso, na parte oriental da Nigéria, as mulheres participam ativamente na agricultura e estão envolvidas em todas as operações agrícolas, desde a limpeza até à colheita e à comercialização de culturas como a mandioca, o taro, o melão, o rícino, o feijão, o milho, o quiabo e os legumes. Mohammed e Abdulquadri (2012) observaram que a participação do género na produção agrícola da Nigéria também depende da tarefa envolvida. Os homens desempenhavam um papel importante em actividades físicas como a limpeza e a lavoura, enquanto as mulheres desempenhavam um papel importante na plantação e na comercialização, com tarefas quase iguais nas operações de sacha. Para além das actividades agrícolas, as mulheres dedicam frequentemente mais tempo e recursos sob o seu controlo para melhorar as preocupações domésticas relacionadas com a segurança alimentar, em comparação com os homens e o seu envolvimento.

Estudos efectuados pela FAO (1997); Khushk e Panhwar (2006); Arshad et al (2010) concordam que as mulheres contribuem significativamente para a produção de alimentos, em particular na horticultura e na pequena pecuária. E uma das principais actividades de produção animal populares entre as mulheres rurais na Nigéria é a produção de aves de capoeira. De facto, foi relatado que as mulheres são as proprietárias predominantes das aves de capoeira rurais (Okitoil et al., 2007). Na Nigéria, a avicultura é uma das principais empresas da indústria pecuária, que envolve a criação da classe de aves domésticas (pássaros) para a sua carne, ovos ou penas. As galinhas, os patos, os perus e as galinhas-d'angola são as espécies de aves domésticas mais populares nesta parte do mundo. As aves de capoeira são um animal de criação acessível para os recursos das famílias pobres, sendo frequentemente designadas por aves de capoeira domésticas, familiares ou rurais. A avicultura rural é, por convenção, um sistema de subsistência que inclui stocks de raças não padronizadas ou estirpes, tipos e idades mistos (Heise et al., 2015). Muitas vezes, estes sistemas de criação são caracterizados por equipamento de estábulo e técnicas de produção desactualizados e por uma gestão inadequada da higiene. Além disso, os produtores sofrem de uma indústria de rações fraca e de um acesso deficiente ao mercado em resultado de infra-estruturas inadequadas (Adene e Oguntade, 2006; Alabi e Isah, 2002).

A empresa fornece uma produção regular utilizando pequenos factores de produção e a produção pode ser realizada por mulheres no agregado familiar (Nielson et al., 2003). Na África Subsariana, uma grande percentagem da avicultura rural/doméstica é gerida por mulheres. A participação das mulheres na produção avícola pode ser descrita como o envolvimento das mulheres em actividades avícolas com o objetivo de melhorar a segurança alimentar, o rendimento e a equidade social e de género dos seus agregados familiares (Adisa e Akinwunmi, 2012)

Para os pequenos agricultores dos países em desenvolvimento (especialmente nos países de baixo rendimento e com carências alimentares [LIFDC]), a avicultura familiar representa uma das poucas oportunidades de poupança, investimento e segurança contra o risco (Sonaiya e Swan, 2004). As aves de capoeira domésticas contribuem substancialmente para a segurança alimentar das famílias em todo o mundo em desenvolvimento. Ajuda a diversificar os rendimentos e fornece alimentos de qualidade, energia, fertilizantes e um ativo renovável a mais de 80% dos agregados familiares rurais. Para os agricultores da África Subsariana, a produção avícola desempenha um papel excecionalmente importante; cerca de 80% dos agregados familiares rurais estão envolvidos na produção avícola de pequenos agricultores (Krygeret al., 2010; Heise et al., 2015). Na Nigéria, as aves de capoeira domésticas representam aproximadamente 94% do total de aves de capoeira, e representam quase quatro por cento do valor total estimado dos recursos pecuários no país. Representa 83% dos 82 milhões de frangos adultos estimados na Nigéria (Sonaiya e Swan, 2004).

A produção avícola é uma das formas de empoderamento das mulheres e uma estratégia de redução da pobreza. Isto porque a atividade de produção avícola pode ser realizada no quintal de casa e não requer um capital inicial elevado. No entanto, muitas mulheres que deveriam estar envolvidas na produção avícola ainda são deixadas de fora (Gwary et al., 2015). Esta situação pode ser atribuída a vários factores socioeconómicos, entre os quais o género é muito significativo. Outros constrangimentos ao progresso das mulheres rurais nas actividades avícolas incluem o facto de os extensionistas não conseguirem chegar até elas; o acesso limitado a crédito; a falta de acesso a informação tecnológica relevante; e a falta de incentivos para aumentar a produtividade. Alguns factores que limitam o acesso das mulheres ao crédito incluem a elevada taxa de analfabetismo feminino, especialmente nas zonas rurais, o medo do endividamento, a consciência do risco, a falta de garantias e a pouca oportunidade de acesso ao crédito (Ikpi e Akinwumi, 1979; Rahman 2003; Gwary et al.2015). É necessário prestar atenção ao bem-estar das mulheres avicultoras rurais para melhorar a subsistência das famílias, reforçar o desenvolvimento agrícola e, em última análise, garantir a segurança alimentar mundial. Daí a necessidade de um estudo sobre a participação das mulheres rurais nas actividades de produção avícola.

1.2. Declaração do problema de investigação

Atualmente, existem problemas globais que exigem uma abordagem imediata e integrada. As soluções recomendadas para estas questões globais foram resumidas nos dezassete Objectivos de Desenvolvimento Sustentável (ODS) que foram adoptados pelos 194 países membros das Nações Unidas. Destes 17 ODS, a indústria pecuária tem o potencial de contribuir substancialmente para quatro: acabar com a pobreza em todas as suas formas em todo o mundo; acabar com a fome, alcançar a segurança alimentar e melhorar a nutrição e promover a agricultura sustentável; garantir uma vida saudável e promover o bem-estar para todos em todas as idades; alcançar a igualdade de género e capacitar todas as mulheres e raparigas.De acordo com as estatísticas do Banco Mundial, quase metade do mundo - mais de três mil milhões de pessoas - vive com menos de 2,50 dólares por dia. Na Nigéria, o nível de pobreza ainda se mantém nos 33,1% (Wikipédia, 2017)Uma em cada nove pessoas está subnutrida, sendo que a grande maioria destas pessoas vive em países em desenvolvimento. A má nutrição causa quase metade das mortes de crianças com menos de cinco anos - 3,1 milhões de crianças por ano (Relatório dos ODS, 2015). Em muitos países em desenvolvimento, a discriminação de género ainda está presente nas normas legais e sociais, o que afecta a qualidade de vida das mulheres e dificulta o crescimento nacional.Para que estes objectivos possam ser atingidos até 2030 (de acordo com as estimativas da ONU), é necessário um envolvimento multissectorial, no qual o sector da pecuária e, especificamente, o sector das aves de capoeira oferecem potencialidades. Um aproveitamento eficaz das oportunidades no sector das aves de capoeira deve envolver a produção doméstica de aves de capoeira, de pequena dimensão e com poucos factores de produção, que, em muitos países, representa aproximadamente 90% da produção mundial total de aves de capoeira e 83% dos 82 milhões de frangos adultos estimados na Nigéria (Sonaiya & Swan, 2004).O sector avícola tem o potencial de aliviar a pobreza, proporcionando oportunidades de emprego a uma parte da população. Funciona como um complemento fundamental das receitas provenientes das culturas e de outras empresas pecuárias, evitando assim a dependência excessiva de produtos tradicionais com preços inconsistentes. Tem um elevado potencial para gerar receitas em divisas através da exportação de produtos avícolas para os países vizinhos. As aves de capoeira são muito apreciadas em muitas funções socioculturais, como o dote e as festividades (Uganda National Agricultural Advisory Services, 2011). Também pode ajudar a acabar com a fome, alcançar a segurança alimentar e melhorar a nutrição, sendo uma das principais fontes de proteínas de alta qualidade sob a forma de ovos e carne. A sua capacidade para melhorar a vida e o bem-estar resulta do seu potencial para gerar rendimentos em toda a cadeia de valor. Mais valiosa é a capacidade do sector para capacitar as mulheres, que estão frequentemente envolvidas na criação de aves domésticas na África Subsariana.Embora a participação das mulheres rurais na criação de aves domésticas seja elevada, a sua produtividade e eficiência são limitadas por vários factores. Vários autores atribuíram esta situação a factores socioeconómicos, dos quais o género é o mais significativo, entre outros. Um bom número de literatura concluiu que a participação efetiva das mulheres rurais nas atividades avícolas tem potencial prospetivo para melhorar os meios de subsistência dos pobres, incluindo as mulheres (Ali, 2011; Ahmed et al., 2012; Kabir et al., 2012) e também pode contribuir significativamente para a atualização de quatro dos dezessete objetivos dos ODS. Existe, portanto, a necessidade de examinar a participação das mulheres rurais nas actividades avícolas. Consequentemente, as seguintes questões de investigação tornam-se relevantes para este estudo. Quais são as características socioeconómicas das mulheres que participam na produção avícola? Qual é o nível de participação das mulheres na produção avícola?

Quais são os factores que afectam a participação das mulheres na produção avícola?

1.3. Objectivos do estudo

O objetivo geral deste estudo é avaliar a participação das mulheres na produção avícola comercial no Estado de Osun, na Nigéria. Os objectivos específicos foram os seguintes

i. descrever as características socioeconómicas das mulheres que participam na produção avícola.
ii. determinar o nível de participação das mulheres na produção avícola
iii.identificar os factores que afectam a participação das mulheres na produção avícola

1.4. Justificação do estudo

A contribuição das mulheres rurais para a produção avícola e para a satisfação das necessidades alimentares das suas famílias é de grande importância. No entanto, a sociedade deu-lhes menos atenção devido a diversos factores. Por conseguinte, este estudo fornecerá informações sobre o nível de participação das mulheres rurais nas actividades avícolas. Ajudaria a abordar os principais constrangimentos que influenciam a sua participação. Ajudará também os decisores, as organizações não-governamentais e outros organismos interessados a compreender os problemas, de modo a incitá-los a planear estratégias alternativas sensíveis ao género para resolver os problemas. O estudo fornecerá igualmente informações para aqueles que pretendam efetuar estudos mais aprofundados sobre esta questão.

CAPÍTULO DOIS

REVISÃO DA LITERATURA

2.1 Introdução

Na maior parte das sociedades, o papel dos homens nas actividades agrícolas é entendido como sendo dirigido e claro. No entanto, o papel das mulheres na agricultura não é claramente reconhecido. Por conseguinte, é necessário um quadro claro da participação das mulheres na agricultura. Embora os microestudos que documentam a importância do papel das mulheres tenham surgido com regularidade, as estatísticas nacionais têm de subestimar o trabalho agrícola das mulheres, devido à sua definição de actividades agrícolas no seu produtor interveniente. As mulheres estão envolvidas na agricultura e no desenvolvimento rural, representando mais de metade da mão de obra necessária para produzir os alimentos consumidos nos países em desenvolvimento (Etenesh, 2005). Vários investigadores têm-se debruçado sobre a análise da importância da avicultura e da participação das mulheres na produção avícola em vários estados do país. Um relatório dos projectos patrocinados pela UNISPAR/UNESCO realizados no Centro Nacional de Investigação e Desenvolvimento Energético, em Nsukka, na Nigéria, sobre a criação de aves de capoeira mais saudáveis (NCERD, 2000) afirmava que cerca de 10% da população nigeriana está envolvida na produção de aves de capoeira de vários tamanhos e que esta é uma das vias que podem ser exploradas para a redução e erradicação da pobreza. Nas últimas décadas, registaram-se progressos significativos na seleção genética de frangos de carne de crescimento rápido (Abioja, 2010), o que levou à produção de frangos de carne que pesam mais de 2 kg às seis semanas de idade com 3,5 kg de uma dieta equilibrada, em comparação com 2 kg em catorze semanas com 10 kg de ração na década de 1930 (Smith, 2001). Um inquérito recente realizado em vários países revelou que 34% das pessoas inquiridas no Sul da Ásia e 59% na África Subsariana sofriam de uma deficiência energética grave (Smith e Wiseman, 2007). Ambos os grupos obtinham 67% da sua energia a partir de alimentos básicos (cereais, leguminosas, raízes e tubérculos ricos em amido) que continham apenas pequenas quantidades de proteínas de baixa qualidade. O seu consumo médio de ovos per capita era de apenas 42 por ano, em comparação com uma média global de 153. O raquitismo e a emaciação das crianças com menos de cinco anos de idade, bem como um desenvolvimento mental lento, foram observados principalmente nas zonas rurais da África Subsariana. Oito em cada dez das pessoas afectadas eram pobres. Doenças como o kwashiorkor e o marasmo, ambas observadas em crianças com pouco peso, estão associadas a uma dieta inadequada em termos de energia e proteínas. Na África Subsariana, apenas 8% da energia alimentar provém de proteínas animais, em comparação com uma média de 17% em todos os países em desenvolvimento e 28% na China. Nos países em desenvolvimento, a dieta das pessoas que vivem nas cidades contém normalmente mais proteínas animais do que a das pessoas das zonas rurais, principalmente porque as pessoas das zonas urbanas são mais prósperas, mas também porque têm geralmente acesso a uma maior variedade de alimentos nos mercados locais. Nos países com baixos rendimentos, a carne de frango produzida comercialmente está bem colocada para satisfazer a procura de uma classe média abastada, em rápido crescimento, que pode pagar por frangos de carne.

As instalações e as infra-estruturas para a produção de frangos de carne podem ser estabelecidas rapidamente e, em breve, começar a gerar rendimentos. A carne de frango não só é vista como uma carne saudável, mas também é a mais barata de todas as carnes de animais. Uma grande vantagem dos ovos e da carne de aves de capoeira como alimento humano é o facto de não existirem grandes tabus relativamente ao seu consumo. Além disso, uma galinha fornece uma refeição para uma família média, sem necessidade de um frigorífico para guardar os restos. A carne de outros animais como o porco e o gado bovino é guardada principalmente para ocasiões festivas e celebrações especiais, em parte devido à falta de instalações de armazenamento (sem frigorífico ou fornecimento de eletricidade). Isto torna as aves de capoeira familiares cada vez mais importantes à medida que a população mundial se aproxima dos 7 mil milhões de pessoas. Além disso, não é difícil melhorar o valor nutricional do ovo, tornando-o um alimento funcional (Smith e Wiesman, 2007).

2.2 Subsectores avícolas em Nigéria

Existem dois sistemas distintos de produção de aves de capoeira na Nigéria, tal como na maioria dos países em desenvolvimento de África e da Ásia. Cada um destes dois sistemas está associado a características de escala, efetivo, criação e produtividade que, por conseguinte, definem os dois sistemas de produção distintos. Os dois sistemas são convencionalmente designados por avicultura comercial e avicultura rural, respetivamente (Adene e Oguntade, 2006). O sistema de produção comercial, tal como o nome indica, é industrial no seu protótipo e, por conseguinte, baseia-se em grandes, densas e uniformes existências de híbridos modernos de aves de capoeira. É intensivo em termos de capital e de mão de obra, bem como exigente em termos de insumos e de tecnologia. Por outro lado, a avicultura rural é, por convenção, um sistema de subsistência que inclui existências de raças não normalizadas ou de estirpes, tipos e idades mistos. É geralmente de pequena escala, associado ao agregado familiar e com poucos ou nenhuns insumos veterinários. O sector avícola rural é, por conseguinte, na sua aceção original, uma exploração e ocupação baseada na aldeia, doméstica ou individual, que, no entanto, foi alargada a locais não aldeões em localidades periurbanas, principalmente pelos habitantes da classe média.

Para além de uma classificação baseada na escala de alojamento, o nível de biossegurança tornou-se o critério-chave na literatura recente, provavelmente devido à emergência e à propagação crescentes de doenças animais transfronteiriças (TAD) através dos continentes. A FAO (2006) definiu quatro sectores de produção avícola com base em experiências na Ásia, como se segue

Sector 1: Sistema Industrial Integrado com sistemas de elevada segurança biológica.

Sector 2: Sistema de produção comercial de aves de capoeira com sistemas de biossegurança moderados a elevados Sector 3: Sistema de produção comercial de aves de capoeira com sistemas de biossegurança baixos a mínimos

Sector 4: Produção na aldeia ou no quintal com um mínimo de biossegurança.

Definição de Aves de capoeira

As aves de capoeira são galinhas, patos, gansos, galinhas-d'angola, perus e outras aves afins criadas para carne e ovos. Na Nigéria, estima-se que a população de aves de capoeira seja de 140 milhões (Ocholi et al., 2006). São os animais mais comummente criados e mais de 70% dos criadores de gado têm galinhas (Amar-Klemesu e Maxwell, 2000). As galinhas têm o nome científico de Gallus domestics. Os frangos de carne são um tipo de galinha (para além dos galos e das poedeiras) criada para a produção de carne e, implicitamente, uma fonte de proteínas (FAO 2006). São frangos jovens que podem ser cozinhados ou empoleirados, com cerca de 10 semanas de idade.

Sistema de produção de aves de capoeira

Tal como na maioria dos países em desenvolvimento, o principal sistema de produção avícola na Nigéria pode, de um modo geral, ser diferenciado em dois grupos, nomeadamente: subsistente e comercial. O sistema comercial pode ainda ser classificado em pequena, média e grande escala com tecnologia moderna. As empresas de pequena, média e grande escala variam em tamanho entre 10.000-20.000, 20.001-50.000 e
>50.000 aves, respetivamente. No âmbito da produção de subsistência, as aves são maioritariamente de raças autóctones que vagueiam pela herdade e procuram livremente alimentos. No sistema de produção comercial, as aves exóticas e de alta produção são mantidas sob cuidados intensivos e recebem alimentação completa. De acordo com Shaner et al. (2004), o termo pequena escala refere-se às operações em que os agricultores têm dificuldade em obter factores de produção suficientes para permitir a utilização da tecnologia disponível para os médios e grandes agricultores. As empresas de pequena escala encontram-se sobretudo nas aldeias rurais, onde os factores de produção são difíceis de obter e os mercados não estão bem organizados. Em contrapartida, as empresas de grande escala concentram-se ao longo da autoestrada e nas zonas urbanas e periurbanas, onde há acesso a instalações de produção e a pontos de venda. A produção de aves de capoeira de subsistência é geralmente composta por animais de raças heterogéneas, de manchas mistas, de diferentes tipos e idades. Os recursos utilizados neste sistema não são organizados e a comercialização ou o consumo de aves é feito numa base ad-hoc. Os membros da família fornecem a mão de obra, mas a relação custo-benefício da operação. De facto, a maioria dos agregados familiares na Nigéria considera a criação de aves de capoeira apenas como uma atividade tradicional ou cultural. Os poucos recursos utilizados resultam numa produtividade subopcional das aves. Do mesmo modo, o incentivo económico da produção em quintal não é atrativo, o que dificulta a perspetiva de

expansão da atividade avícola existente, bem como a atração de novos operadores. A gestão dos recursos, dos factores de produção e da comercialização no âmbito do sistema de produção comercial tende a ser semelhante à das grandes indústrias do sector não agrícola. É geralmente de capital intensivo devido ao custo e ao elevado nível de tecnologia envolvidos. Curiosamente, é também intensivo em mão de obra devido à necessidade de apoiar dispositivos automatizados com trabalho humano direto, especialmente em alturas críticas de falhas mecânicas. As existências de aves mantidas são as raças modernas altamente produtivas.

2.2.1 Alimentos e nutrição para aves de capoeira production

A alimentação representa a maior despesa individual associada à produção avícola. Por conseguinte, a investigação nutricional em aves de capoeira tem-se centrado em questões relacionadas com a identificação de barreiras à digestão e utilização eficazes dos nutrientes e em abordagens para melhorar a utilização dos alimentos. Os nutricionistas de aves de capoeira têm cada vez mais combinado os seus conhecimentos com os de especialistas noutras ciências biológicas, incluindo a imunologia, a microbiologia, a histologia e a biologia molecular. Embora os frangos de carne e as poedeiras sejam altamente eficientes na conversão dos alimentos em produtos alimentares, continuam a excretar quantidades significativas de nutrientes não utilizados. Por exemplo, no seu estrume, os frangos de carne perdem quase 30% da matéria seca ingerida, 25% da energia bruta, 50% do azoto e 55% do fósforo ingerido. Por conseguinte, há uma margem considerável para melhorar a eficiência da conversão dos alimentos para animais em produtos de origem animal. Grande parte da ineficiência resulta da presença de componentes indesejáveis e da indigestibilidade dos nutrientes nos alimentos para animais. (Leeson e Summers, 2005)

Os recentes avanços na nutrição das aves de capoeira centraram-se em três aspectos principais:

1. desenvolver uma compreensão do metabolismo dos nutrientes e das suas
necessidades;

2. determinar o fornecimento e a disponibilidade de nutrientes nos
ingredientes dos alimentos para animais; e

3. Formulação de regimes alimentares de baixo custo que conciliem
eficazmente as necessidades e o fornecimento de nutrientes.

O objetivo geral é a alimentação de precisão para reduzir os custos e
maximizar a eficiência económica. No passado, havia uma tendência para
formular dietas excessivas quando havia dúvidas sobre a disponibilidade de
nutrientes críticos (especialmente aminoácidos e fósforo) ou quando as
necessidades de nutrientes eram incertas. Esta prática já não é aceitável, não
só porque é um desperdício, mas também porque o excesso de nutrientes
excretados no estrume é, em última análise, uma fonte de poluição.

O ajustamento dos regimes alimentares de modo a que correspondam melhor
às necessidades das aves ajuda a otimizar a eficiência da utilização dos
nutrientes. Os principais desenvolvimentos no sentido de alcançar o objetivo
da alimentação de precisão são discutidos nas secções seguintes. (Scanes,
Brant e Ensminger, 2004)

A definição das necessidades nutricionais é um desafio, pois estas são
influenciadas por vários factores e estão sujeitas a alterações constantes. Os
factores que influenciam as necessidades nutricionais são de dois tipos
principais: os relacionados com as aves, como a genética, o sexo e o tipo e
fase de produção; e os externos, como o ambiente térmico, o stress e as
condições de criação. A precisão na definição das necessidades exige
exatidão em ambos os domínios. Os grandes avanços na definição das
necessidades nutricionais de várias classes de aves de capoeira foram
possíveis, em grande medida, devido à crescente uniformidade dos
genótipos, do alojamento e das práticas de criação em toda a indústria
avícola. FOA (2007)

O principal papel dos ingredientes dos alimentos para animais é fornecer os nutrientes que as aves digerem e utilizam para funções produtivas. Atualmente, estão disponíveis dados consideráveis sobre a capacidade das matérias-primas para fornecer estes nutrientes. No entanto, é inerente a cada matéria-prima um certo grau de variabilidade, o que exerce pressão sobre as formulações exactas dos alimentos para animais. Estão disponíveis dados sobre a variação (ou matrizes) dos principais ingredientes dos alimentos para animais, que são aplicados em programas de formulação de alimentos para animais com o objetivo de obter uma maior precisão. Um desenvolvimento relacionado é a disponibilidade de testes rápidos, como a análise de reflectância no infravermelho próximo, para prever a composição bruta dos nutrientes e avaliar a variabilidade no fornecimento de ingredientes numa base contínua. FAO (2007)

Reconhece-se que nem todos os nutrientes dos ingredientes estão disponíveis para efeitos de produção e que uma parte dos nutrientes é excretada sem ser digerida ou não é utilizada. Com o desenvolvimento das técnicas de avaliação dos alimentos para animais, têm vindo a acumular-se dados sobre a disponibilidade de nutrientes para as aves de capoeira, especialmente de aminoácidos e fósforo. Por exemplo, um desenvolvimento recente tem sido a utilização mais alargada de concentrações de aminoácidos digeríveis, em vez de concentrações totais de aminoácidos, nas formulações de alimentos para animais. A utilização do teor de aminoácidos digeríveis é particularmente relevante nos países em desenvolvimento, onde não estão disponíveis ingredientes convencionais altamente digeríveis e as fórmulas alimentares podem incluir ingredientes de baixa digestibilidade. FAO (2007)

A formulação de dietas com base em aminoácidos digestíveis permite aumentar a gama de ingredientes que podem ser utilizados e os níveis de inclusão de ingredientes alternativos nas dietas das aves de capoeira. Isto melhora a precisão da formulação, pode reduzir os custos da alimentação e assegura um desempenho mais previsível das aves. (Scanes, Brant e

Ensminger, 2004)

2.2.2 Doenças e medidas preventivas das aves de capoeira production

As principais doenças das aves de capoeira na Nigéria que foram predominantemente identificadas nas aves de capoeira comerciais são a doença de Newcastle (ND). Doença infecciosa da bursa (IBD) ou Gumboro, doença de Marek (MD), febre tifoide aviária, cólera, micoplasmose e coccidiose (Adene, 2006). Outros problemas de saúde na produção avícola são os parasitas externos e internos. Um estudo sobre ectoparasitas de galinhas domésticas na Nigéria mostrou que os piolhos, Menacanthus straminen, são um dos principais problemas nas aves domésticas rurais. Na Nigéria, o problema dos parasitas externos estava associado à estação do ano - as taxas mais elevadas de infestação ocorriam durante a estação das chuvas. Um estudo sobre a incidência de vermes em explorações avícolas na Nigéria revelou que as espécies mais comuns eram Ascardiagalli, Prosthgoniumspp, Strongyloidsavium e Heterakisgallinarum. (Tano, 2005)

Tendo em conta o que precede, não é surpreendente que a doença de Newcastle seja a doença mais investigada na produção avícola. Em 2004, a FAO patrocinou um seminário internacional sobre a produção e o controlo da qualidade das vacinas contra a doença de Newcastle para a África rural. Recentemente, tem havido uma preocupação crescente com o controlo da doença de Newcastle na produção avícola, estimulada pela introdução de uma vacina termoestável administrada por via oral (V4) no sudeste asiático, apoiada principalmente pela ACIAR (Copland, 2001). Alexander (2001) observou que a regulamentação e o controlo globais da DN são influenciados pela crescente indústria multinacional de comércio de aves de capoeira, que envolve produtos avícolas e material genético. Além disso, as incertezas associadas ao facto de os diferentes países fazerem uma declaração aberta da DN a agências internacionais como o Gabinete Internacional de Epizootias (GIE) limitaram o controlo mundial da doença. Os principais factores associados à transmissão da ND na produção avícola são a exposição ao ambiente natural, incluindo a fauna selvagem; bandos de várias idades e novas eclosões susceptíveis (Chabeuf, 2005; Olabode et al., 2011); e o contacto através da troca de frangos vivos e produtos ou da circulação entre famílias e aldeias. Numa experiência para estudar a transmissão da ND na produção avícola, Huchzermeyer (2003) excluiu a propagação aérea da ND na produção avícola nos trópicos e afirmou que a transmissão se faz principalmente por contacto. Da mesma forma, Martin e Spradbrow (2012) observaram que a transmissão por via aérea é improvável, porque é necessário um maior número de aves para gerar um aerossol suficientemente denso para essa transmissão. Por conseguinte, o contacto entre aves parece ser o modo de transmissão no sistema de produção tropical e subtropical.

O desenvolvimento e a utilização recentes de uma vacina termoestável (NDV4) suscitaram um novo interesse no controlo da ND na produção avícola (Copland, 2007; Spradbrow, 2011; Spradbrow e Samuel, 2001). Em África, vários países introduziram a vacina numa base experimental. Uma grande preocupação tem sido a identificação de suportes alimentares adequados para introduzir a vacina. As actividades virucidas de alguns grãos que reduzem a eficácia da vacina foram relatadas por Rehmani, Spradbrow e Wes (2005). O desenvolvimento de programas sanitários para as aves de capoeira exige informações fiáveis sobre a epidemiologia das doenças, que não existem nos sistemas de produção avícola (Pandey, 2003). A vigilância das doenças é ainda limitada por infra-estruturas e comunicações deficientes, bem como por instalações de diagnóstico inadequadas.

2.3 Participação das mulheres na avicultura Produção

A criação de aves de capoeira é uma atividade popular entre as mulheres rurais na maioria dos países. De facto, foi relatado que as mulheres são as principais proprietárias de aves de capoeira nas zonas rurais (Okitoil et al., 2007). As aves de capoeira são um gado acessível para os recursos das famílias pobres. As empresas fornecem uma produção regular utilizando pequenos factores de produção e a produção pode ser realizada por mulheres no agregado familiar (Nielson et al., 2003). No entanto, há variações na natureza e intensidade da participação das mulheres nas actividades agrícolas entre as várias regiões do país, dependendo da vegetação e de outras práticas culturais socioeconómicas. As mulheres iorubás da Nigéria ocidental são sobretudo comerciantes, as mulheres igbos da Nigéria oriental participam em actividades agrícolas, enquanto no Norte a sua participação depende da extensão da prática de reclusão feminina (purdah); no entanto, participam ativamente em actividades de transformação de alimentos e em actividades avícolas. Além disso, estima-se que as mulheres cultivam metade dos alimentos no mundo, mas raramente possuem terras. Apesar do seu envolvimento e contribuição consideráveis, o papel das mulheres na produção pecuária tem sido frequentemente subestimado ou ignorado (IFAD 2007). Apesar do nível variado de produção das mulheres nas actividades agrícolas em todo o país, a sua contribuição para as actividades agrícolas continua a ser inestimável para o abastecimento alimentar da Nigéria. Fabiyi et al., (2007) opinaram que as mulheres contribuem com cerca de 60% da força de trabalho; produzem 80% dos alimentos e ganham 10% do rendimento monetário, mas possuem 1% dos activos agrícolas.

Na Nigéria, a avicultura é uma das principais empresas do sector pecuário. No entanto, em termos de participação das mulheres na produção avícola, um inquérito realizado pela International Poultry Marketing Initiatives (IPMI) revelou que as mulheres preferem a maior parte das actividades de produção, como a criação em incubadoras, a alimentação, a rega, a proteção e a recolha de ovos. Este pressuposto dá origem a vários outros constrangimentos ao progresso das mulheres agricultoras: a incapacidade dos extensionistas de chegarem até elas; o acesso limitado a crédito; a falta de acesso a informação tecnológica relevante, no entanto, relatou que a maioria das políticas destinadas a tornar os insumos agro-tecnológicos acessíveis às mulheres agricultoras na Nigéria eram, na verdade, dirigidas aos homens. A importância da produção alimentar e agrícola exige um esforço combinado de homens e mulheres. Os esforços observados pelos investigadores foram aparentemente considerados sob a forma de um género em detrimento de outro, mas podem ser diferenças vocacionais. O censo nacional da população nigeriana de 2006 indicou que cerca de 49,97% eram homens e 50,03% eram mulheres. Foi referido que as mulheres não beneficiaram tanto como os homens do programa de desenvolvimento económico. Isto deve-se ao facto de as mulheres terem oportunidades limitadas de acesso e controlo dos recursos produtivos. É necessário prestar atenção ao bem-estar das mulheres agricultoras para melhorar o desenvolvimento agrícola global do país. Isto pode ser feito aumentando a participação das mulheres em programas de formação e assegurando que a agro-tecnologia melhorada seja favorável às mulheres. A produção de aves de capoeira é uma das formas de capacitar as mulheres e uma estratégia de redução da pobreza. Isto porque a atividade de produção de aves de capoeira pode ser realizada no quintal de casa e não requer um capital inicial elevado.

No entanto, muitas mulheres que deveriam estar envolvidas na produção avícola não o estão a fazer. O nível de acesso das mulheres aos recursos de produção e gestão, tal como revelado pela experiência do Fundo Internacional de Desenvolvimento Agrícola (FIDA), parece ser um fator importante. É importante notar que a avicultura tem sido um subcomponente frequente dos projectos de longo prazo do FIDA, geralmente dirigidos às mulheres. O tipo mais comum de apoio tem sido o crédito para empresas avícolas. Quando as mulheres têm a possibilidade de escolher um empréstimo para um projeto, escolhem frequentemente a criação de aves. Isto deve-se ao facto de estarem familiarizadas com a atividade e de os custos de instalação serem relativamente baixos. Frequentemente, os projectos do FIDA também incluíram outras actividades de apoio, tais como o reforço das instituições e serviços veterinários, a formação dos beneficiários em práticas de saúde e de criação e a investigação adaptativa dentro e fora da exploração sobre temas relacionados com a produção avícola (FIDA, 2007).

Como se viu acima, as mulheres desempenham um papel significativo na força de trabalho agrícola e nas actividades agrícolas, embora a um nível variável. Consequentemente, a sua contribuição para a produção agrícola é, sem dúvida, extremamente significativa, embora difícil de quantificar com exatidão. Afirma-se frequentemente que as mulheres produzem 60-80% dos alimentos. No entanto, a atribuição de contribuições para a produção agrícola por género é problemática porque na maioria dos agregados familiares agrícolas tanto homens como mulheres estão envolvidos na produção de culturas. Pode tentar-se atribuir a produção por género partindo do princípio de que determinadas culturas são cultivadas por mulheres e outras por homens e, em seguida, agregando o valor das culturas de mulheres e homens para determinar a parte cultivada por mulheres. Os investigadores têm utilizado ocasionalmente esta abordagem, especialmente na África Ocidental, onde existem padrões de cultivo distintos por género (Duflo e Udry, 2001). No entanto, uma análise cuidadosa da agricultura no Gana conclui que, embora existam padrões de cultivo em função do género, as distinções entre as culturas dos homens e das mulheres não se mantêm suficientemente bem para serem utilizadas para fazer inferências sobre a contribuição relativa dos homens e das mulheres para a produção. Além disso, os padrões de cultivo em função do género podem mudar ao longo do tempo (Doss, 2002).

É possível uma comparação direta da produção entre agregados familiares chefiados por homens e chefiados por mulheres, mas como estes últimos tendem a ter explorações agrícolas mais pequenas e a utilizar menos factores de produção comprados, a sua produção é naturalmente menor.

A comunidade internacional de desenvolvimento reconheceu que a agricultura é um motor de crescimento e de redução da pobreza nos países em que é a principal ocupação dos pobres. No entanto, em muitos países em desenvolvimento, o desempenho do sector agrícola é insuficiente, em parte porque as mulheres, que representam um recurso crucial na agricultura e na economia rural através do seu papel de agricultoras, trabalhadoras e empresárias, enfrentam, em quase todo o lado, restrições mais graves do que os homens no acesso aos recursos produtivos. Os esforços dos governos nacionais e da comunidade internacional para atingir os seus objectivos de desenvolvimento agrícola, de crescimento económico e de segurança alimentar serão reforçados e acelerados se se basearem nas contribuições das mulheres e se tomarem medidas para atenuar estas limitações.

As mulheres dão um contributo essencial para as economias agrícolas e rurais em todos os países em desenvolvimento. Os seus papéis variam consideravelmente entre regiões e dentro de cada região e estão a mudar rapidamente em muitas partes do mundo, onde as forças económicas e sociais estão a transformar o sector agrícola. As mulheres rurais gerem frequentemente agregados familiares complexos e prosseguem múltiplas estratégias de subsistência. As suas actividades incluem normalmente a produção de culturas agrícolas, o tratamento de animais, a transformação e preparação de alimentos, o trabalho remunerado em empresas agrícolas ou outras empresas rurais, a recolha de combustível e água, o comércio e a comercialização, a prestação de cuidados aos membros da família e a manutenção das suas casas. Muitas destas actividades não são definidas como "emprego economicamente ativo" nas contas nacionais, mas são essenciais para o bem-estar das famílias rurais.

Um estudo efectuado por Rahman (2003) revelou que as mulheres tinham cerca de 50% de acesso a mão de obra e a uma boa fonte de água, ao passo que a sua taxa de acesso era inferior a 50% para recursos como pintos melhorados, rações, vacinas, dias, facilidades de crédito, bem como serviços de extensão. Alguns factores que limitam o acesso das mulheres ao crédito incluem frequentemente a elevada taxa de analfabetismo feminino, especialmente nas zonas rurais, o receio de endividamento, a consciência do risco, a falta de garantias e as poucas oportunidades de acesso ao crédito (Ikpi e Akinwumi, 2009).

Nos sistemas agrícolas pastoris e mistos, o gado desempenha um papel importante no apoio às mulheres e na melhoria da sua situação financeira, e as mulheres estão fortemente empenhadas no sector. Estima-se que dois terços dos criadores de gado pobres, num total de aproximadamente 400 milhões de pessoas, são mulheres (Thornton et al., 2002). Elas partilham com os homens e as crianças a responsabilidade de cuidar dos animais, e determinadas espécies e tipos de atividade estão mais associados às mulheres do que aos homens. Por exemplo, as mulheres têm muitas vezes um papel proeminente na gestão das aves de capoeira (FAO 1998; Guèye 2000; Tung 2005) e dos animais leiteiros (Okali e Mims 1998; Tangka, Jabbar e Shapiro, 2000) e no tratamento de outros animais que são alojados e alimentados na herdade. Quando as tarefas são divididas, é mais provável que os homens estejam envolvidos na construção de habitações e no pastoreio dos animais e na comercialização dos produtos, se a mobilidade das mulheres for limitada. A influência das mulheres é forte na utilização dos ovos, do leite e da carne de aves de capoeira para consumo doméstico e, frequentemente, são elas que controlam a comercialização e o rendimento destes produtos. Talvez por esta razão, os projectos de criação de aves e de produção de lacticínios em pequena escala têm sido investimentos populares em projectos de desenvolvimento destinados a melhorar a situação das mulheres rurais. Nalguns países, a produção de suínos em pequena escala é também dominada pelas mulheres. Os agregados familiares chefiados por mulheres são tão bem sucedidos como os chefiados por homens na geração de rendimentos a partir dos seus animais, embora tendam a possuir um menor número de animais, provavelmente devido a restrições laborais. A posse de gado é particularmente atractiva para as mulheres em sociedades onde o acesso à terra é restrito aos homens (Bravo-Baumann 2000).

Os dados disponíveis sugerem que o papel das mulheres na satisfação destas novas exigências pode diminuir, por duas razões. A primeira é que, quando as empresas de criação de gado aumentam de escala, o controlo das decisões e dos rendimentos e, por vezes, de toda a empresa, passa frequentemente para os homens. Este não é um fenómeno universal - por exemplo, no Vietname, muitas empresas de criação de patos de média dimensão são geridas por mulheres - mas é comum e pode ser explicado pelo acesso limitado que as mulheres têm à terra e ao crédito. O segundo fator importante é que todos os pequenos proprietários enfrentam desafios quando o sector da pecuária se intensifica e concentra, e muitos vão à falência. Isto é particularmente evidente para os proprietários de suínos e aves de capoeira (Rola et al. 2006), mas não se limita a essas espécies. Dada a capacidade mais limitada das mulheres para iniciarem os seus próprios negócios, isto implica que elas tenderão a tornar-se empregadas em vez de trabalhadoras por conta própria. Em actividades especializadas como a produção de pintos do dia, na prestação de serviços e no abate, transformação e venda a retalho, as mulheres são visíveis onde quer que seja necessário realizar um trabalho semi-qualificado meticuloso, mas há muito pouca informação disponível sobre a extensão do seu envolvimento em comparação com o dos homens, ou sobre o seu controlo dos recursos.

2.3.1 Factores que limitam a participação das mulheres na produção de aves de capoeira

A raiz da posição marginalizada das mulheres na produção avícola é o facto de serem menos instruídas. Outro impedimento ao progresso no desenvolvimento agrícola é a elevada taxa de analfabetismo entre as mulheres agricultoras. Embora atualmente as escolas primárias africanas tenham tantos alunos do sexo feminino como do sexo masculino, a taxa de analfabetismo entre as mulheres na agricultura ainda é superior a 90% em 28 países africanos, de acordo com dados da UNESCO (CTA, 2003).

A participação das mulheres na tomada de decisões está a tornar-se gradualmente uma questão importante na agricultura africana. Num estudo sobre o estatuto socioeconómico das mulheres agricultoras no Nepal, Gurung (2009) também fez uma descoberta interessante. Segundo ele, quando as principais áreas de decisão envolviam dinheiro, os domínios de decisão eram os homens. Quando o dinheiro não estava envolvido, como as actividades agrícolas e a partilha de alimentos, as decisões eram tomadas inteiramente por mulheres ou em conjunto com homens. A desigualdade de género e a discriminação contra as mulheres agricultoras na África Subsariana são comuns. É do conhecimento geral que a desigualdade de género é uma das formas mais difundidas de desigualdade, particularmente porque é transversal a outras formas de desigualdade. Franklin (2007).

A falta de acesso à terra continua a ser um grande obstáculo para as mulheres agricultoras em África e os programas de reforma agrária conduziram quase exclusivamente à transferência de direitos fundiários para os chefes de família do sexo masculino. Sreekumar (2001) acrescentou que, mesmo nos países onde as leis de propriedade e de herança foram reformadas a favor das mulheres, na prática, as mulheres não têm necessariamente mais direitos à terra, uma vez que os costumes locais e a falta de informação actuam como barreiras.

Do mesmo modo, tal como as propriedades fundiárias, as mulheres têm menos acesso ao crédito do que os homens. As mulheres recebem apenas 5% dos empréstimos agrícolas no Burk in Faso e 32% no Zimbabué. Vários estudos sobre o estatuto e os problemas das mulheres mostraram que a discriminação de género existe em todo o mundo (Ogunlel & Mukhtar, 2009), mas que a sua intensidade é mais sentida na vida quotidiana das mulheres e das crianças nos países em desenvolvimento.

2.4 Desafios das aves de capoeira na Nigéria e noutros países africanos

Os principais desafios da indústria avícola na Nigéria incluem a falta de grandes quantidades de milho, soja, pintos do dia e produtores de frangos de carne ou mesmo agricultores que possam dedicar-se à avicultura. O elevado preço das matérias-primas para alimentação animal é igualmente um problema em África, como em todo o lado.

Os atrasos na atribuição de terras e a inadequação dos serviços de extensão ou de aconselhamento para apoiar as explorações agrícolas em desenvolvimento são também desafios importantes. Para ultrapassar estas limitações, é necessária a intervenção do governo, por exemplo, para construir infra-estruturas como as estradas, que devem ser melhoradas para permitir que os camiões pesados de rações e os transportadores de frangos se desloquem facilmente nas zonas rurais.

Embora a maior parte das aves de capoeira nos países em desenvolvimento de África ainda seja criada por pequenos agricultores, uma indústria avícola forte e ligada internacionalmente está a evoluir, utilizando economias de escala e tecnologia de países desenvolvidos como a África do Sul. As influências europeias também estão presentes, uma vez que a logística a partir da Europa é mais fácil do que a partir da África do Sul.

Tal como na maioria dos países em desenvolvimento, os sistemas de produção avícola em África são uma mistura de empresas familiares e operações comerciais, desde a pequena à grande escala, com diferentes graus de tecnologia moderna.

Os maiores produtores de carne de aves do continente são a África do Sul, que produz 1,5 milhões de toneladas métricas de carne de frango por ano; o Egipto com 685.000 toneladas métricas; Marrocos com 560.000 toneladas métricas; a Nigéria com 268.000 toneladas métricas; e a Argélia com 254.000 toneladas métricas. Quando os números da produção são comparados com a dimensão do efetivo nacional, os níveis de eficiência contrastantes tornam-se evidentes. Embora muitos países africanos possam estar a crescer a partir de uma base baixa, estão, no entanto, a crescer. Este facto tem implicações claras no aumento do nível de vida e numa maior procura de carne. O crescimento da produção de frangos de carne num país como a África do Sul é de cerca de 3% por ano, enquanto que nos últimos 10 anos o crescimento global foi de 38,8%. Isto é representativo da maioria dos países do continente, mas o crescimento é predominantemente devido à entrada no mercado de muitos produtores de pequena escala.

CAPÍTULO TRÊS
METODOLOGIA

3.1 O estudo área

O estudo foi efectuado em Ife-central. Ife-east e Ife-north Local Government Areas do Estado de Osun, Nigéria. Está situado na zona geopolítica sudoeste da Nigéria. O Estado faz fronteira com o Estado de Ogun a Sul, com o Estado de Kwara a Norte, com o Estado de Oyo a Oeste e com o Estado de Ondo a Leste. O Estado foi considerado o mais adequado devido à forte concentração de avicultores (Amos, 2007). Existem duas estações climáticas distintas. São elas a estação das chuvas, que decorre entre os meses de março e outubro, e a estação seca, entre os meses de novembro e o início de março. A população total do Estado é de 3 423 535 habitantes, com uma massa terrestre de 10 245,00 km^2 (NPC, 2007). É um dos Estados sem terra da República Federal da Nigéria. Tem 30 áreas governamentais locais. O Estado é uma floresta tropical típica, com uma precipitação média anual que varia entre 880 mm e 600 mm e uma amplitude térmica de 25-27,50 °C, caracterizada pela vegetação florestal (BBC weather centre, 2008). A agricultura é a principal fonte de rendimento para uma grande parte da população da região. As áreas favorecem o crescimento de culturas permanentes como o cacau, a palma e as culturas arvenses (milho, inhame e mandioca). A produção de gado, como cabras, ovelhas, porcos, coelhos e, sobretudo, aves de capoeira é popular na região. As pessoas vivem em povoações, vilas e cidades organizadas (Ojo, 2000). A região tem seis cidades principais. Estas incluem Ede, Ife, Ilesha, Ikirun, Iwo e Osogbo. O Estado de Osun, de acordo com a Associação Avícola da Nigéria (PAN), ocupa o terceiro lugar na produção de aves de capoeira, depois de Oyo e Ogun.

O estudo determinará o nível de participação das mulheres rurais nas actividades avícolas na área de estudo.

O estudo tem como objetivo descrever algumas características socioeconómicas seleccionadas das mulheres rurais envolvidas em actividades avícolas nas áreas seleccionadas. O estudo também analisará a influência de factores socioeconómicos seleccionados na participação das mulheres rurais em actividades avícolas na área de estudo. 32

3.2 Técnicas de amostragem e amostra dimensão

Foi utilizada uma técnica de amostragem em várias fases. A primeira fase envolve a amostragem intencional de 3 LGAS, nomeadamente Ife-central. Ife-east e Ife-north, com base na predominância de mulheres avicultoras. A segunda fase consistiu na seleção de quatro cidades: Moro, Edunabon, Ife-city e Ipetumodu, enquanto a terceira fase envolve a seleção de cinco agricultores por amostragem aleatória, num total de 100 inquiridos.

3.3 Método de recolha de dados

Foram utilizados dados primários para o estudo. Os dados primários foram recolhidos com a ajuda de questionários bem estruturados. Os dados recolhidos incluem as características socioeconómicas dos inquiridos, tais como a idade, o sexo, o estado civil, a dimensão da família, o nível de educação, a fonte de crédito, a ocupação principal, etc.

3.4 Análise técnicas

Análise descritiva: foram utilizadas tabelas, médias de frequência e percentagens, etc., para descrever as características socioeconómicas dos avicultores e examinar o nível de envolvimento das mulheres na produção avícola na área de estudo. A estatística de inferência (análise de regressão) foi utilizada para analisar a influência de alguns factores socioeconómicos no nível de envolvimento das mulheres na produção avícola, implicitamente expresso como

$Y = f(X1, X2, X3, X4, X5, X6, X7, X8, U)$

O modelo de regressão

O modelo de regressão: A forma funcional linear será utilizada para determinar o efeito de vários factores na participação das mulheres na produção avícola.

A forma funcional linear do modelo de regressão foi expressa da seguinte forma

$Y = B0 + B1\ X1 + B2\ X2 + B3\ X3 + B4\ X4 + B8\ X8 + U \ldots (1)$

Onde,

Y= Nível de envolvimento das mulheres avicultoras X1 =Idade das mulheres (anos)

X2 = Anos de experiência das mulheres na criação de aves de capoeira.

(Anos) X3 = Nível de escolaridade. (N.º de anos passados na escola)

X4 = N.º de crianças (números) X5 = Participação na cooperativa X6 = Exposição à formação

X7 =Acesso à extensão

X8 = filiação em cooperativa

B0= termos constantes

B1 - B9= Coeficientes de regressão U= Termo de erro.

CAPÍTULO QUATRO

RESULTADOS E DEBATES

4.1 Introdução

Este capítulo apresenta o resultado da análise dos dados e a sua discussão com base no estudo dos objectivos.

4.2 Características socioeconómicas das mulheres na produção de aves de capoeira

4.2.1 Distribuição etária das mulheres avícolas agricultores:

A produção agrícola requer o envolvimento de pessoas ágeis, produtivas e capazes na maioria das actividades. O efeito da idade na produção agrícola é indeterminado. Enquanto alguns estudos revelaram uma influência positiva, outros revelaram uma influência positiva, outros revelaram efeitos negativos. O quadro seguinte mostra que a percentagem mais elevada é de 32,5%, que se situa entre 41 e 50 anos. A implicação deste facto é que, à medida que a idade das mulheres aumenta, o nível de participação das mulheres diminui na avicultura.

Quadro 1: Distribuição etária das avicultoras

	Frequência	Percentagem (%)
20-30	24	20.0
31-40	32	26.7
41-50	39	32.5
Acima de 50	25	20.8
Total	120	100.0

Fonte: Inquérito de campo 2017

4.2.2 Distribuição do estado civil das mulheres avícolas agricultores

O quadro seguinte mostra que 59,2% dos inquiridos eram casados, 13,3% eram solteiros, 8,3% eram divorciados e 19,2% eram viúvos.

Quadro 2: Distribuição do estado civil das avicultoras

	Frequência	percentagem
Individual	16	13.3
Casado	71	59.2
Divorciado/separado	10	8.3
Viúva	23	19.2
Total	120	100.0

Fonte: Inquérito de campo 2017

4.2.3 Distribuição da dimensão familiar das mulheres avicultoras agricultores

A tabela abaixo mostra que 7,5% dos inquiridos têm um tamanho de família inferior a 2, enquanto 10,0% têm um tamanho de família superior a 3. 28,3% têm um tamanho de família entre 5 e 6 e 30% têm um tamanho de família superior a 6. A implicação deste facto é que, à medida que os membros das crianças aumentam, o nível de participação das mulheres aumenta.

Quadro 3: Distribuição do tamanho da família das avicultoras

	Frequência	percentagem
2	9	7.5
3	12	10.0
4	29	24.2
5	13	10.8
6	21	17.5
Acima de 6	36	30.0
Total	120	100.0

Fonte: Inquérito de campo 2017

4.2.4 Distribuição do nível de educação das avicultoras

O quadro seguinte mostra que 7,5% das mulheres frequentaram o ensino superior e 58,3% o ensino secundário. Isto mostra que a maioria das mulheres não tem um nível de educação elevado. Isto tem um efeito significativo na inovação e na adaptação da tecnologia; por conseguinte, a produção e a rentabilidade dos inquiridos serão baixas. Isto implica que o nível de educação produzirá um melhor desempenho na família.

Quadro 4; Distribuição do nível de instrução das avicultoras

	Frequência	percentagem
Primário	9	7.5
Secundário	70	58.3
Terciário	41	34.1
Total	120	100.0

Fonte: Inquérito de campo 2017

4.2.5 Está envolvido noutra atividade agrícola

A tabela abaixo mostra que 34,2% dos inquiridos estão envolvidos noutras empresas agrícolas e 65,8% não estão envolvidos noutras empresas agrícolas. O que implica que a maioria dos inquiridos não está envolvida noutras empresas agrícolas, o que os ajudará a concentrarem-se mais na sua área básica de especialização.

Quadro 5: Está envolvido noutra atividade agrícola?

	Frequência	Percentagem
Sim	41	34.2
Não	79	65.8
Total	120	100.0

Fonte: Inquérito de campo 2017

4.2.6 Situação da empresa

O quadro seguinte mostra que, entre as mulheres agricultoras que se dedicam a outras actividades agrícolas, 31,7% são criadoras de cabras, 2,4% são vendedoras de pimenta, 24,4% são criadoras de caracóis e 41,5% são produtoras de farinha de inhame. O que implica que a maioria das mulheres agricultoras que se dedicam a outras actividades agrícolas são criadoras de inhame.

Quadro 6: Situação da empresa

	Frequência	Percentagem
Criação de cabras	13	31.7
Vendedor de pimentos	1	2.4
Criação de caracóis	10	24.4
Farinha de inhame	17	41.5
Total	120	100.0

Fonte: Inquérito de campo 2017

4.2.7 Participação noutra exploração agrícola empresa

Com base na distribuição da frequência de envolvimento noutras empresas agrícolas, pouco mais de um terço dos inquiridos envolve-se noutras empresas agrícolas, enquanto 46,3% realizaram entre #20001- 40000 noutras empresas e mais de um quarto envolveu-se em trabalho fora da exploração agrícola. Isto implica que muitos inquiridos se dedicam a outras empresas.

Quadro 7:   Rendimento da outra empresa

	Frequência	Percentagem
#0-20,000	18	44.0
#20001-40,000	19	46.3
400001-60,000	4	9.7
Total	120	100.0

Fonte: Inquérito de campo 2017

Participação em empregos fora da exploração

O quadro seguinte mostra que a maioria das mulheres não tem emprego fora da exploração agrícola, o que corresponde a cerca de 70,8%, e 29,2% são as que têm emprego fora da exploração. Isto significa que continuam a dedicar-se à agricultura e que não estão a trabalhar fora dela.

Quadro 8: Tem algum emprego fora da exploração?

	Frequência	Percentagem
Sim	35	29.2
Não	85	70.8
Total		

Fonte: Inquérito de campo 2017

4.3 Descrição das características empresariais das mulheres na produção de aves de capoeira

4.3.1 Ocupação nas explorações

O quadro acima revela a ocupação fora da exploração agrícola dos inquiridos. A maioria dos inquiridos (34,3%) dedica-se a trabalhos públicos para além da atividade agrícola, 22,9% dedica-se a alimentos congelados, 14,3% dedica-se à limpeza, 11,4% à restauração e 17,1% ao artesanato.

Quadro 9: Ocupação nas explorações agrícolas

Variáveis	Frequência	Percentagem
Restauração	4	11.4
Limpeza	5	14.3
Alimentos congelados	8	22.9
Funcionário público	12	34.3
Artesão	6	17.1

Fonte: Estudo de campo, 2017

4.3.2 Rendimento da exploração ocupação

A tabela abaixo ii mostra que 25,7% ganham 0-20.000, 62,9% ganham 20.001-40.000 e 11,4% ganham 60.000 e mais. Isto implica que o rendimento médio dos inquiridos é de 20,001-40,000

Quadro 10: Rendimento da atividade agrícola

Rendimento	Frequência	Percentagem
#0-20,000	9	25.7
#20,001-40,000	22	62.9
Acima de 60.000	4	11.4

Fonte: Estudo de campo, 2017

4.3.3 Membro da associação de aves de capoeira de Nigéria

O quadro seguinte mostra que 23,3% pertencem a uma associação de aves de capoeira da Nigéria, 69,2% a uma sociedade cooperativa e 7,5% a outras.

Quadro 11: Membros da associação de aves de capoeira da Nigéria

Variáveis	Frequência	Percentagem
Associação de aves de capoeira da Nigéria	28	23.3
Sociedade cooperativa	83	69.2
Outros	9	7.5

Fonte: estudo de campo, 2017

4.3.4 Religião das mulheres nas aves de capoeira produção

O quadro seguinte mostra que 49,2% dos participantes são cristãos, 50% são muçulmanos e 0,8% são tradicionais

Quadro 12: Religião das mulheres na produção avícola

Variáveis	Frequência	Percentagem
O cristianismo	59	49.2
Islão	60	50.0
Tradicional	1	0.8

Fonte: Estudo de campo, 2017

4.3.5 Há quanto tempo se dedica à avicultura criação de aves de capoeira

O quadro seguinte mostra que 3,3% têm 1 ano e 3 anos, 15% têm 2 anos e 5 anos, 13,4% têm 4 anos e 5 anos e mais são 50%, o que mostra que os 5 anos e mais têm a percentagem mais elevada. Isto significa que a maioria tem pouca experiência de trabalho.

Quadro 13: Há quanto tempo se dedica à criação de aves de capoeira

	Frequência	percentagem
1	4	3.3
2	18	15.0
3	4	3.3
4	16	13.4
5	18	15.0
Acima de 5	60	50.0
Total	120	100.0

Fonte: Inquérito de campo 2017

4.3.6 Os tipos de aves começaram com

O quadro seguinte mostra que 55,0% começaram com frangos de carne, 4,2% começaram com poedeiras e 40,8% começaram com frangos de carne e poedeiras. A implicação é que só se fala mais de frangos de carne do que de poedeiras.

Tabela 14: Tipos de aves iniciadas com

	Frequência	Percentagem
Grelha	66	55.0
Camada	5	4.2
Frangos de carne e poedeiras	49	40.8
Total	120	100.0

4.3.7 Indicar o número de aves com que começa

O quadro seguinte mostra que 11,6% começam com 1-20, 16,7% começam com 21-40, 46,7% começam com 41-60 e 25,0% começam com 60 e mais.

Quadro 15: Indicar o número de aves com que se começa

	Frequência	percentagem
1-20	14	11.6
21-40	20	16.7
41-60	56	46.7
Acima de 60	30	25.0
Total	120	100.0

Fonte: Inquérito de campo 2017

4.3.8 Número atual de existências a aumentar ou a diminuir

O quadro seguinte mostra que 85,8% registam um aumento do número de animais e 14 2% registam uma diminuição do número de animais. Isto implica que há uma mudança positiva na produção agrícola.

Quadro 16: Número atual de unidades populacionais que aumentam ou diminuem

	Frequência	Percentagem
Aumentar	103	85.8
Diminuição	17	14.2
Total	120	100.0

Fonte: Inquérito de campo 2017

4.3.9 Indicar a atual população de aves de capoeira size

O quadro seguinte mostra que 4,2% têm uma dimensão do stock entre 1-20, 12,5% entre 21-40, 33,3% entre 41-60 e 50,0% acima de 60. Isto implica que a dimensão das existências está a melhorar.

Quadro 17: Indicar a atual dimensão do efetivo avícola

	Frequência	Percentagem
1-20	5	4.2
21-40	15	12.5
41-60	40	33.3
Acima de 60	60	50.0
Total	120	100.0

Fonte: Inquérito de campo 2017

4.3.10 Qual a influência do número atual das suas existências se aumentar

O quadro seguinte mostra que 27,2% têm rendimentos adicionais, 41,7% têm lucros da atividade e 31,1% têm disponibilidade de canais de comercialização. Isto significa que a maioria dos inquiridos obtém lucros com a sua atividade.

Quadro 18: O que influencia o número atual das suas existências, se aumentar

	Frequência	Percentagem
Rendimento adicional	28	27.2
Lucro da atividade	43	41.7
Disponibilidade de canais de comercialização	32	31.1
Total	120	100.0

Fonte: Estudo de campo, 2017

4.4 Participação das mulheres em actividades avícolas seleccionadas

4.4.1 Participação das mulheres em actividades avícolas seleccionadas

O quadro que se segue mostra que a percentagem mais elevada de participação é de 88,3%, no caso da alimentação das aves, enquanto a percentagem mais baixa de participação é de 11,7%, no caso do abate das aves

Quadro 19: Participação das mulheres em actividades avícolas seleccionadas

Variável	Participar	Não participar	Classificação
Diário de registos	37(30.8)	83(69.2)	1
Alimentação das aves	106(88.3)	14(11.7)	2
Recolha, limpeza, triagem e ralagem dos ovos	26(21.7)	94(78.3)	2
Colocação de preços nos produtos de aves de capoeira	10(8.3)	110(91.7)	3
Marketing	53(44.2)	67(55.8)	4
Encaminhamento de medicamentos e programa de vacinação	61(50.8)	59(49.2)	4
Preparação para as actividades de criação	92(76.7)	28(23.3)	5
Aprovisionamento e recolha de DOC	93(77.5)	27(22.5)	6
Transporte de produtos de aves de capoeira	19(15.8)	101(84.2)	6
Brooding de DOC	68(56.7)	52(43.3)	7
Preparação das aves	26(21.7)	94(78.3)	8
Operação de moagem de alimentos para animais	19(15.8)	101(84.2)	9
Armazenamento de aves preparadas em arcas congeladoras/câmara frigorífica	26(21.7)	94(78.3)	10
Embalagem e pesagem das aves preparadas	17(14.2)	103(85.8)	11
Abate de aves	14(11.7)	106(88.3)	12
Eliminação e substituição de aves de capoeira	85(70.8)	35(29.2)	13

Fonte: Estudo de campo, 2017

Quadro 20: Participação das mulheres em actividades avícolas seleccionadas

Variável	Classificações	Estratégias
Falta de agentes de extensão femininos	4	
Pré-ocupação com as tarefas domésticas	3	
Domínio dos cônjuges	2	
Facilidades de crédito inadequadas	1	Inadequado
Manutenção de registos deficientes	5	
Poucos canais de comercialização	3	
Indisponibilidade de mão de obra	2	
Mau tempo	4	
Serviços veterinários inadequados	2	
Participação em actividades não agrícolas	1	Contratação de mão de obra
Envolvimento na produção de culturas para a família	5	
Cultura crença religiosa	6	
Surto de doença	3	
Conhecimento inadequado	4	Vacinação

Fonte: Estudo de campo, 2017

Quadro 21: Factores que afectam a participação das mulheres na avicultura

Variável	Concordo plenamente	De acordo	Não concordo	Discordo totalmente
Idade	60(50.0)	36(30.0)	24(20.0)	0(0.0)
Educação	66(55.0)	39(32.5)	15(12.5)	0(0.0)
Acesso ao crédito	70(58.3)	49(40.8)	1(0.8)	0(0.0)
Experiência	67(55.8)	43(35.8)	10(8.3)	0(0.0)
Participação nas cooperativas	58(48.3)	44(36.7)	18(15.0)	0(0.0)
Contacto de extensão	28(23.3)	35(29.2)	43(35.8)	14(11.7)

Fonte: Estudo de campo, 2017

4.5 Modelo de regressão da influência de alguns factores seleccionados no nível de envolvimento das mulheres na produção avícola

Modelo de regressão Quadros

Resumo do modelo

Modo 1	R	R Quadrado	R ajustado Quadrado	Erro Std. de a Estimativa
1	.999a	.998	.997	.22791

Fonte: estudo de campo, 2017

Preditores: (Constante), Filiação à cooperativa, Idade das mulheres (anos), Número de filhos (números), Exposição a treinamento, Nível educacional (número de anos passados na escola), Acesso à extensão, participação na cooperativa, Ano de experiência das mulheres na avicultura (anos)

Coeficientes

Modelo		Não padronizado Coeficientes		Normalizado Coeficientes	t	Sig.
		B	Erro Std.	Beta		
	(Constante)	.256	.197		1.302	.199
	Idade das mulheres (anos)	-.005	.004	.012	1.464	.149
	Ano de experiência de	1.006	.010	.997	97.453	.000
	mulheres na avicultura					
	agricultura(Anos)					
	Nível de escolaridade(Não	.009	.014	.005	.627	.533
	de anos passados em					
	escola)					
	N.º de	-.014	.016	-.007	-.880	.383
	filhos(números)					
	cooperativa	.008	.080	.001	.103	.919
	participação					
	Exposição à formação	.059	.069	-.006	-.852	.398
	Acesso à extensão	.003	.079	.000	.044	.965
	Membros de	.036	.056	.005	.641	.524
	cooperativa					

Fonte: Estudo de campo, 2017

4.5.1 Factores socioeconómicos que aumentam o nível de envolvimento das mulheres na produção avícola

A análise de regressão múltipla dos dados indicados na tabela acima mostrou que o coeficiente de determinações múltiplas (R^2) foi de 0,998. O R ajustado^2 foi de 0,997, o que significa que 99,8% das variações no nível de participação das mulheres na produção avícola se devem às variáveis socioeconómicas consideradas no modelo. A tabela mostra que uma das variáveis foi significativamente relacionada com o nível de participação das mulheres agricultoras na produção avícola. O ano de experiência das mulheres na avicultura foi significativamente relacionado com o nível de participação a 1%, com um coeficiente positivo não padronizado de 1,006 e padronizado de 0,997. Também se verifica que o ano de experiência, a educação, a participação em cooperativas, a exposição a acções de formação, o acesso à extensão e a cooperação entre membros estão linearmente relacionados de forma positiva, uma vez que têm um coeficiente positivo, enquanto o número de filhos e a idade das mulheres estão relacionados de forma negativa, uma vez que têm um coeficiente negativo.

O coeficiente negativo do número de filhos e da idade das mulheres indica que estes estão inversamente relacionados com o nível de participação, ou seja, um aumento unitário do número de filhos e da idade das mulheres reduz o nível de participação em 1,4% e 5%, respetivamente.

CAPÍTULO CINCO
RESUMO, CONCLUSÕES E RECOMENDAÇÕES

5.1 Resumo

A idade média da amostra do estudo foi de 42,05±6,02, variando entre 27 e 65 anos. A maioria dos inquiridos (59,2%) era casada e 24,2% tinha uma família de 4 pessoas. 58,3% dos inquiridos tinham o ensino secundário. Com base na distribuição de frequências do envolvimento em outras empresas agrícolas, pouco mais de um terço dos inquiridos envolve-se em empresas não agrícolas, enquanto 46,3% realizaram entre 20001 e 40000 euros de outras empresas e mais de um quarto envolveu-se em trabalho não agrícola. A maioria, 34,3%, dedica-se a trabalho governamental para além da empresa agrícola, 22,9% dedica-se a comida congelada, 14,3% dedica-se à limpeza, 11,4% dedica-se à restauração e 17,1% dedica-se ao artesanato. 25,7% ganham entre 0-20.000, 62,9% ganham entre 20.001- 40.000 e 11,4% ganham acima de 60.000. 23,3% pertencem à associação de aves de capoeira da Nigéria, 69,2% pertencem a uma sociedade cooperativa e 7,5% não pertencem a nenhuma cooperativa. 49,2% dos participantes são cristãos, 50% são muçulmanos e 0,8% são tradicionais. 3,3% têm entre 1 e 3 anos, 15% têm entre 2 e 5 anos, 13,4% têm 4 anos e 50% têm 5 anos ou mais, o que mostra que os 5 anos ou mais têm a percentagem mais elevada. Características das empresas dos inquiridos. 50,0% dos inquiridos concordaram que se dedicavam à criação de aves de capoeira há mais de 5 anos e mais de um terço dedicava-se a outras actividades agrícolas. A percentagem mais elevada de participação é de 88,3%, que é a alimentação das aves, enquanto a percentagem mais baixa de participação é de 11,7%, que é o abate das aves.A análise de regressão múltipla dos dados indicados mostra que o coeficiente de determinações múltiplas (R^2) foi de 0,998. O R ajustado^2 foi de 0,997, o que significa que 99,8% das variações no nível de participação das mulheres na produção avícola se devem às variáveis socioeconómicas consideradas no modelo. A tabela mostra que uma das variáveis foi significativa em relação ao nível de participação das mulheres agricultoras na produção avícola.

5.2 Conclusão

O presente estudo revelou que as mulheres desempenham um papel vital na produção avícola local, uma vez que possuem bandos de aves de vários tamanhos, participam na tomada de decisões sobre essas aves e os seus produtos e utilizam o rendimento derivado da indústria para a sua subsistência sustentada. Este estudo também refere o transporte, o capital, as pragas e doenças, a disponibilidade de alimentos e serviços de extensão inadequados como alguns dos constrangimentos enfrentados pela produção avícola na área.

5.3 Recomendações

Com base no presente estudo, foram feitas as seguintes recomendações:
1. As nossas zonas rurais devem ser dotadas de vários equipamentos sociais, como estradas, escolas e hospitais, para melhorar o seu nível de vida e a produtividade agrícola global.
2. As mulheres devem ser encorajadas a formar associações e sociedades cooperativas para que as suas necessidades sejam conhecidas e para que estejam em melhores condições de procurar a solução dos seus problemas
3. O governo e outras instituições financeiras devem conceder empréstimos em condições favoráveis, com um mínimo ou nenhum requisito de garantia, de modo a incentivar a plena participação e utilização dos empréstimos pelas mulheres na melhoria do sector avícola. Devem ser disponibilizadas vacinas e alimentos modernos a preços acessíveis, bem como o desenvolvimento de

protocolos de vacinação e de gestão alimentar adequados.

4. Os serviços de extensão agrícola deveriam ser orientados para as mulheres e para as suas preocupações, o que poderia ser conseguido através da formação e da disponibilização de mais extensionistas do sexo feminino.

REFERÊNCIAS

Abioja, M.O. (2010). Fertilidade mensal e eclodibilidade das galinhas reprodutoras e efeitos da vitamina C e da água refrigerada no crescimento dos frangos de carne, na respiração ofegante e na temperatura rectal. Tese não publicada. Universidade de Agricultura, Abeokuta. pp 145.

Adene, D. F. (2006). Gripe Aviária: The Trans-continental Plague. (WPSAS-Gana, Poultry Seminar) Accra, 11 -14 de abril de 2006.

Adene, D.F. e Oguntade, A.E. (2006). The structure and importance of the commercial andrural based poultry industry in Nigeria (A estrutura e a importância da indústria avícola comercial e rural na Nigéria). Nigerian Poultry Sector Report, estudo da FAO (Roma). http://www.fao.org/docs/ eims/upload//214281/Review Nigeria.

Adisa, B.O. &Akinkunmi, J.A. 2012. Assessing Participation of Women in Poultry Production as a Sustainable Livelihood Choice in Oyo State, Nigeria.International Journal of Plant, Animal and Environmental Sciences. VOL.2 - Page 73-82Disponível online em www.ijpaes.com.

Alabi, R.A. &Isah, A.O.,2002. Poultry Production Constraints. The case of Esan West Local Government Area of Edo State, Nigeria. African Journal of Livestock Extension 1(1): 58-61.

Alexander, D.J. (1991). Doença de Newcastle. Em Rweyemamu, M.M., Palya, V., WIN, T. &Sylla. D., eds. Newcastle disease vaccines for rural Africa. Actas de um seminário realizado no Centro Pan-Africano de Vacinas Veterinárias (PANVAC), Debre Zeit, Addis-Ababa, Etiópia, 22-26 de abril de 1991, p. 7-45.

Amar-Klemesu, M. e Maxwell, D. (2000). Accra: Urban Agriculture as an asset Strategy: Supplementary Income and Diets, Bakker, N., Dubbeling, M., Gundel, S., Koschella,

U.S. e dezeeuw, H. (Eds.). Growing Cities, Growing Food, Havana, Cuba, pp: 234- 236

Annon (2006). Política Nacional de Género. Ministério Federal dos Assuntos da Mulher e do Desenvolvimento Social, impresso por Amana printing limited Kaduna. Pp 7-14

A. R. Gurung. Publicado Online: 5 MAR 2009. ISBN impresso: 9781405169837. ISBN online: 9781444305807. DOI: 10.1002

Arshad, S., Muhammad. Mahmood .A., Randhawa e Khalid Mch. 2010. Rural Women's Involvement in Decision-making Regarding Livestock Management (Envolvimento das Mulheres Rurais na Tomada de Decisões Relativas à Gestão do Gado). Pk. J. Agric. Sci. 47(12): 1-4

Bravo-Baumann H. (2000). Género e criação de gado: capitalização de experiências sobre projectos de criação de gado e género. Documento de trabalho. Agência Suíça para o Desenvolvimento e a Cooperação, Berna. (Disponível em http://www.fao.org/wairdocs/LEAD/X6106E/x6106e00.HTM)

CBN (2006). Boletim Estatístico do Banco Central da Nigéria
Chabeuf, N. (1990). Prevenção de Doenças na Avicultura de Aldeia de Pequenos Produtores em África. In Proceedings, CTA Seminar on Small Holder Rural Poultry Production, Thessaloniki, Grécia, 9-13 de outubro de 1990, Vol. 1, P. 129-137.

Copland, J.W. (2001). Doença de Newcastle em aves de capoeira. A new food pellet Vaccine.
ACIARMonografia No.5. Camberra, Austrália, ACIAR.

Copland, J.W. (2007). Doença de Newcastle em aves de capoeira. A new food pellet Vaccine.
ACIARMonografia No.5. Camberra, Austrália, ACIAR.

Doss, C. (2002). Culturas de homens? Culturas de mulheres? The gender patterns of cropping in Ghana.
World Development, Vol. 30(11): 1987-2000.

Duflo, Esther e Christopher Udry (2001), "Intra household Resource Allocation in Côte d'Ivoire: Social Norms, Separate Accounts and Consumption Choices", NBER WP #10498, também BREAD WP016.

Etenesh, B 2005 Handout for Gender Issues and Youth work in agricultural Extension. Almay IGNO,(2004), MRDE 101, BLOCO 4, UNIDADE 2 Página 49.

Fabiyi,EF, Danladi, B., Akande, KE, Mahmood, Y (2007). Role of women in Agricultural development and their constraints; Pakistan journal of nutrition, vol,6(6) Pp676-678.

FAO. (1997). Higher Agricultural Education and Opportunities in Rural Development for Women - An Overview and Summary of Five Case Studies. Divisão de Informação, Organização das Nações Unidas para a Alimentação e a Agricultura, Roma, Itália.

FAO/GSO/MoP. (2010). National Gender Profile of Agricultural Households, 2010. Relatório baseado no Inquérito Socioeconómico do Camboja de 2008. Organização das Nações Unidas para a Alimentação e a Agricultura, Roma, e Instituto Geral de Estatística e Ministério do Planeamento, Phnom Penh.

FAO/MAF. (2010). Perfil nacional de género dos agregados familiares agrícolas, 2010. Relatório baseado nos Inquéritos às Despesas e ao Consumo do Laos, no Recenseamento Agrícola Nacional e no Recenseamento Nacional da População. Organização das Nações Unidas para a Alimentação e a Agricultura, Roma, e Ministério da Agricultura e das Florestas, Vientiane.

Guèye, E.F. (2000). The Role of Family Poultry in Poverty Alleviation, Food Security and the Promotion of Gender Equality in Rural Africa (O Papel da Avicultura Familiar no Alívio da Pobreza, Segurança Alimentar e Promoção da Igualdade de Género na África Rural). Outlook on Agriculture, Vol. 29(2): 129- 136

Gwary, M.M., Nuhu, H.S., Burabe, B.I. e Toro, N.A. (2015). Análise dos fatores determinantes para a participação das mulheres na produção avícola na área do governo local de Toro do estado de Bauchi, Nigéria. Global Advanced Research Journal of Agricultural Science (ISSN: 2315-5094) Vol. 4 (8) pp. 479-484. Disponível online http://garj.org/garjas/home

Heinke Heise Alexandra Crisanb, e Ludwig Theuvsenca.2015. The Poultry Market in Nigeria: Estruturas de mercado e potencial de investimento no mercado.International Food and Agribusiness Management ReviewVolume 18 Special Issue A

Huchzermeyer, F.W. (2003). Porque é que a Doença de Newcastle Velogénica é endémica em alguns países e não noutros? Zimbabwe Veterinary Journal, 24(3), 111-113.ssss

IFAD (2007). Mulheres gestoras de gado no terceiro mundo: um enfoque nos aspectos técnicos.
Obtido em http//www.ifad.org/gender/thematic/livestock/live toc.htm

Ikpi AA, Akinwumi JA (2009). The future of poultry industry in Nigeria (O futuro da indústria avícola na Nigéria). Ata do primeiro seminário nacional sobre produção avícola, Zaria. Nigéria.

Khushk A M, Panhwar R. A,. (2006). Role of Women inLivestockSectore (Papel das Mulheres no Sector Pecuário). Daily Dawn, Karachi Pakisatan.

Leeson, s. & Summers, J.D. (2005). Commercial poultry nutrition, 3rd edition. nottingham, UK, nottingham university Press.

Matin, J.C e Spradbrow P.B. (2002). Newcastle Disease in Village Chickens (Doença de Newcastle em frangos de aldeia). Poultry Science Review 5: 57-59.

Mohammed, B. T & Abdulquadri, A. F. (2012) Análise comparativa do envolvimento do género na produção agrícola na Nigéria. Jornal de Desenvolvimento e Economia Agrícola Vol. 4(8), pp. 240-244. Disponível online em http://www.academicjournals.org/JDAE

Centro Nacional de Investigação e Desenvolvimento Energético [NCERD]. (2000). Raising healthier:Nigeria. Centro Nacional de Investigação e Desenvolvimento Energético, Universidade da Nigéria, Nsukka, Nigéria. Relatórios de projectos patrocinados pela UNISPAR/UNESCO 9: 70- 76

NBS (2007). Instituto Nacional de Estatística; Relatório do Inquérito Agrícola 1994-2006. Produzido sob os auspícios do Projeto de Reformas Económicas e Governamentais (ERGP) Pp. 60-71

Nielsen HN, Thilsted SH (2003). The impact of semi scavenging poultry production on the Consumption of animal source foods by women and girls in Bangladish. J. Nutr., 133:4027S-$030S

Nwowu F.O.C (2002). O Papel da Educação de Adultos no Empoderamento das Mulheres: An Assessment of BetterLife for Rural Women Agriculture. Um módulo de aprendizagem do Banco Mundial. Pp 4

Ocholi, R.A., Oyetunde, I.L., Kumblish P., Odugbo M.O. & Taama et al., (2006).Epidemiologia de um surto de inflernza aviária altamente patogénica causada pelo subtipo de vírus H5N1 na Nigéria em 2006. VOM J. Vet. Sci., Nat. Vet. Res. Inst. Jos, pp:1-8.

Olabode, A.O., Lamorde, A.G., Shiidali, N.N., Chukweudo, A.A. e Spradbrow, P.B.(2011). Galinhas de aldeia e doença de Newcastle na Nigéria. Em Spradbrow, P.D., ed.Newcastle disease in village chichens: Control with

Thermostable Oral Vaccines.ACIAR Proceedings, No. 39. Canberra, Austrália, ACIAR. P. 159-160.

Okali, C. e J. Mims. (1998). 'Gender and Smallholder Diary Production in Tanzania'. Relatório para o Programa de Produção Pecuária do Departamento para o Desenvolvimento Internacional (DFID): Apêndices 1 e 2 pp. 37-38.

Okitoil LO, Obali MP, Murekefu F (2007). Questões de género na produção de aves de capoeira em zonas rurais do Quénia ocidental. Res. Rural ev., 19: Art. 17. Rahman SA, Adamu JF (2003). Estimating the level of women's interest in Agriculture: An Application of logit Regression model. The Nigerian journal of scientific research. 4(1):45-49.

Rahman SA, Adamu JF (2003). Estimar o nível de interesse das mulheres na agricultura: An Application of logit Regression model. The Nigerian journal of scientific research. 4(1):45-49.

Scanes, C.G., Brant, g. & Ensminger, m.e. (2004). Poultry science. Upper saddle river, new Jersey, EUA, Pearson Prentice hall.

Shaner, N.C. et al. Melhoria ... Shaner, N.C., Steinbach, P.A. & Tsien, R.Y. Um guia para a escolha de proteínas fluorescentes. Nat. Methods 32, 445-450 (2004). 31

Smith, A. J. (2001). Aves de capoeira no contexto. The Tropical Agriculturist CTA. 1-63

Smith, I.C. & Wiesman, d. (2007). A segurança alimentar é mais grave no Sul da Ásia ou na África Subsariana? Documento de discussão n.º 712. Washington, DC, Instituto Internacional de Investigação sobre Políticas Alimentares. 52 pp.

Sonaiya E.B. &Swan. S.E.J. (2004).Guia Técnico de Produção Avícola em Pequena Escala. In: Manual de produção e saúde animal da FAO

Thornton, P.E. 2005. Biome-BGC: Modeling Effects of Disturbance and

Climate (Thornton et al. (2002). ORNL DAAC, Oak Ridge, Tennessee, EUA. http://dx.doi.org/10.3334/ORNLDAAC/806

Tona, G.O. (2005). Incidência de vermes em galinhas em explorações agrícolas na área do governo local de Ikorodu do Estado de Lagos, Nigéria. Rede Africana de Desenvolvimento da Avicultura RuralNewaletter, 5 (1).

Tung, D.X. (2005). "Smallholder Poultry Production in Vietnam: Marketing Characteristics and Strategies". Documento apresentado no seminário "Does Poultry Reduce Poverty? A Need for Rethinking the Approaches, 30-31 de agosto. Copenhaga, Network for Smallholder Poultry Development.

Banco Mundial (2003). Nigéria: Women in agriculture, In: Sharing Experiences-Examples of Participating Approaches. Grupo do Banco Mundial. The World Bank Participating Sourcebook, Washington, D.C.http:/www.worldbank.org/wbi/publications.htm

Printed by Books on Demand GmbH, Norderstedt / Germany